George Lenin

Desenvolvimento de um compósito de carboneto de ferro e ferro por moagem planetária

George Lenin

Desenvolvimento de um compósito de carboneto de ferro e ferro por moagem planetária

Imprint

Any brand names and product names mentioned in this book are subject to trademark, brand or patent protection and are trademarks or registered trademarks of their respective holders. The use of brand names, product names, common names, trade names, product descriptions etc. even without a particular marking in this work is in no way to be construed to mean that such names may be regarded as unrestricted in respect of trademark and brand protection legislation and could thus be used by anyone.

Cover image: www.ingimage.com

This book is a translation from the original published under ISBN 978-3-659-61008-0.

Publisher:
Sciencia Scripts
is a trademark of
Dodo Books Indian Ocean Ltd. and OmniScriptum S.R.L publishing group

120 High Road, East Finchley, London, N2 9ED, United Kingdom
Str. Armeneasca 28/1, office 1, Chisinau MD-2012, Republic of Moldova, Europe
Printed at: see last page
ISBN: 978-620-7-73131-2

Reconhecimento

D. Chaira, Departamento de Engenharia Metalúrgica e de Materiais, NIT Rourkela, por ter introduzido o presente tema de investigação e pela sua orientação inspiradora, críticas construtivas e sugestões valiosas ao longo deste trabalho de investigação. Não me teria sido possível elaborar este relatório sem a sua ajuda e o seu constante encorajamento.

Expresso os meus sinceros agradecimentos ao Dr. B. C. Ray, Chefe do Departamento de Engenharia Metalúrgica e de Materiais do NIT Rourkela, por me ter dado a oportunidade de trabalhar neste projeto e por me ter permitido o acesso a instalações valiosas no departamento.

Os meus agradecimentos especiais vão para o Prof. U.K. Mohanty, Prof. S. K. Karak, Prof. A. Basu, Prof. S.K Sahu por me terem proporcionado facilidades e dado sugestões valiosas para a realização deste projeto e também a todos os professores deste departamento. Estou muito grato aos membros do laboratório do Departamento de Engenharia Metalúrgica e de Materiais, N.I.T., Rourkela, especialmente ao Sr. U.K. Sahu, ao Sr. Pradhan, ao Sr. A. Pal, ao Sr. Shyamu Hembram, ao Sr. Rajesh Pattnaik e ao Sr. Kishore Tanty pela sua ajuda durante a execução das experiências.

Por último, mas não menos importante, gostaria de agradecer a Shashanka R, Pankanjini Sahani, Mohan Nuthalapati, Salma Thomas e a todos os meus colegas de turma e aos meus queridos amigos Sandeep E.S, Suvin Sukumaran e Om Prakash pelo seu encorajamento e compreensão. Acima de tudo, nada disto teria sido possível sem o amor e a paciência da minha família. A minha família, a quem esta dissertação é dedicada, tem sido uma fonte constante de amor, preocupação, apoio e força ao longo de todos estes anos. Gostaria de lhes expressar a minha sincera gratidão.

georgeleninme@gmail.com

George Lenine T.M

Resumo

Os pós de Fe-6,67 wt. %C e Fe-1 wt. %C foram moídos num moinho planetário de duplo acionamento durante 40 h. Verificou-se que há uma formação de Fe3C e outros carbonetos de ferro após 40 h de moagem. No entanto, a formação de carboneto de ferro é maior no caso de Fe-6,67 wt. %C em comparação com Fe-1 wt. %C. A redução do tamanho das partículas é muito rápida até 10 h de moagem e, depois disso, permanece constante. Verificou-se que, após 40 h de moagem, o tamanho das partículas é de 10,47 gm e 10,59 gm para Fe-6,67 wt. %C e Fe-1 wt. %C, respetivamente. Também se verificou a partir de SEM que as partículas de pó são de natureza escamosa no período inicial de moagem devido à natureza dúctil do ferro, mas em fases posteriores o pó torna-se frágil e ocorre a quebra. Obteve-se uma densidade máxima de 65,47 e 62,28 para Fe-6,67%C e Fe-1wt. %C sinterizados a 1250°C durante 1,5 h, do mesmo modo que se obteve uma dureza Vickers máxima de 836 e 780 para Fe-6,67 wt. %C e Fe-1 wt. %C sinterizados a 1250°C durante 1,5 h. A partir do estudo de desgaste, é estabelecido que a profundidade de desgaste é menor para Fe-6,67% em peso em comparação com Fe-1% em peso. Verifica-se também que a profundidade de desgaste diminui com o aumento da temperatura e do tempo de sinterização devido à maior densidade e dureza.

Conteúdo

1. Introdução

1.1. Antecedentes

O desenvolvimento da tecnologia em todos os domínios exige materiais modernos que possuam determinadas propriedades que não podem ser satisfeitas por técnicas convencionais de processamento de materiais e materiais convencionais como cerâmicas, polímeros e ligas metálicas. O desenvolvimento de compósitos é uma forma de obter estes materiais com as propriedades desejadas [1].

A procura crescente de materiais com propriedades invulgares acelerou o desenvolvimento de materiais avançados e é sabido que a estrutura e a constituição dos materiais avançados podem ser melhor controladas por métodos de processamento fora do equilíbrio, como a liga mecânica, o processamento por plasma, a deposição de vapor e a técnica de solidificação rápida [2]. A presença de carbonetos de ferro no aço melhora as propriedades mecânicas do aço, mas a via convencional de formação de carbonetos requer uma enorme instrumentação, a moagem mecânica é um método eficiente para produzir carbonetos metálicos à temperatura ambiente [3].

Os compósitos de ferro e ferro-carboneto podem ser utilizados em aplicações que requerem elevada resistência, dureza e resistência ao desgaste. Numa matriz predominantemente ferrítica, a distribuição homogénea do carboneto melhora a resistência ao desgaste. As suas aplicações importantes são as máquinas-ferramentas e as matrizes, podendo também ser utilizado em aplicações como os revestimentos de camiões de grandes dimensões utilizados na construção e na exploração mineira, para o processo de escavação (placa resistente ao desgaste), molas de compressão e aplicações de elevado desgaste, aço para carris, concertos pré-esforçados, barras de elevada resistência, etc.

1.2. Objectivos do projeto

1. Fabrico de um compósito de carboneto de ferro e Fe por moagem planetária

2. Estudar o efeito do tempo de moagem na formação de carboneto de ferro

3. Caracterização de compósitos de ferro-carboneto de ferro e avaliação de propriedades

CAPÍTULO 2

2. Revisão da literatura

O estudo do sistema Fe-C tem recebido uma maior atenção devido à sua importância na indústria do aço. Este facto leva à necessidade de desenvolver carbonetos com elevado teor de carbono, como o Fe_3C, que influenciam em grande medida as propriedades do aço. Estes carbonetos são metaestáveis e, por conseguinte, difíceis de produzir por métodos convencionais; assim, a moagem de bolas ou outras técnicas de moagem de alta energia são utilizadas para desenvolver estes carbonetos [4].

A liga mecânica foi iniciada em 1960 para produzir superligas reforçadas por dispersão de óxidos. Hoje em dia, esta técnica é amplamente utilizada para desenvolver uma variedade de ligas fora do equilíbrio, como ligas intermetálicas, de solução sólida e vítreas. Os desenvolvimentos recentes da liga mecânica situam-se nos domínios da formação de vidros metálicos, da utilização de partículas metálicas na combustão e do desenvolvimento de nanocompósitos homogeneamente dispersos. O pó ligado mecanicamente também pode ser utilizado para produzir pó sem consolidação, como catálise, pigmentos, solda, materiais de armazenamento de hidrogénio, etc. [5].A liga mecânica é um processo no qual as partículas de pó foram sujeitas a fratura repetida, soldadura a frio e deformação, a nova superfície formada ajuda na reagregação do pó com a formação de partículas de pó, as técnicas microscópicas como SEM, TEM ajudam-nos a analisar o tamanho da nanocristalina e a distribuição do tamanho das partículas [1].

2.1. Mecanismo de liga mecânica

Durante o processo de moagem de alta energia, à medida que os meios de moagem (geralmente bolas) colidem, algumas partículas de pó ficam presas entre eles, normalmente cerca de 0,2g de pó, que é cerca de 1000 partículas, ficam presas em cada colisão, portanto, um grande valor de força é exercido sobre as partículas de pó presas e isso leva ao endurecimento do trabalho e à fratura da partícula. Nas fases iniciais da moagem, as partículas são moles, a nova superfície criada devido à colisão permite que as partículas se soldem umas às outras, o que leva a um aumento do tamanho das partículas, pelo que, nas fases iniciais da moagem, a tendência para formar partículas grandes é elevada. Nas fases iniciais, as partículas compósitas têm uma estrutura em camadas e são constituídas por várias combinações de composição inicial. Nesta fase, o tamanho das partículas varia muito, podendo algumas partículas formadas ter um tamanho três vezes superior ao tamanho inicial, à medida que a moagem prossegue, as partículas são endurecidas e fracturadas por fragmentação de flocos frágeis e/ou pelo mecanismo de falha por fadiga, na ausência de fortes forças de aglomeração, os fragmentos gerados por este mecanismo podem continuar a reduzir de tamanho, nesta fase da moagem a tendência para a fratura predomina sobre a soldadura a frio e o tamanho das partículas continua a ser o mesmo e a estrutura da partícula permanece a mesma devido ao impacto contínuo das esferas de moagem, em resultado disto o espaçamento inter lamelar diminui e o número de camadas numa partícula aumenta. Os componentes importantes do processo de liga mecânica são as matérias-primas e as variáveis do processo [1].

2.2. Atributos da liga mecânica

2.2.1 Produção de dispersão de partículas de segunda fase (geralmente óxido)

2.2.2 Extensão dos limites de solubilidade sólida

2.2.3 Refinamento das dimensões dos grãos até à gama nanométrica

2.2.4 Síntese de novas fases cristalinas e quasicristalinas

2.2.5 Desenvolvimento de fases amorfas (vítreas)

2.2.6 Desordenação de intermetálicos ordenados

2.2.7 Possibilidade de liga de elementos de liga difíceis de ligar

2.3. Variáveis de processo

Os parâmetros que afectam a composição final do pó são designados por variáveis de processo. São enumerados da seguinte forma.

2.3.1 Tipo de moinho

2.3.2 Contentor de fresagem

2.3.3 Velocidade de fresagem

2.3.4 Tempo de fresagem

2.3.5 Tipo, dimensão e distribuição da dimensão do meio de moagem

2.3.6 Relação entre o peso da bola e o peso do pó

2.3.7 Extensão do enchimento do frasco

2.3.8 Atmosfera de fresagem

2.3.9 Agente de controlo do processo

2.3.10 Temperatura de moagem

2.3.11 Tipos de moinhos

Apresentam-se de seguida alguns tipos importantes de moinhos utilizados para produzir pó ligado mecanicamente [3]

1. Moinho de bolas planetário

2. Moinho agitador SPEX

3. Moinho atritor

4. Moinhos comerciais

1. moinho de bolas planetário

Devido ao movimento planetário da ampola, o nome moinho de bolas planetário, as ampolas são montadas num disco rotativo e as ampolas também rodam o seu próprio eixo. A força centrífuga produzida devido à rotação do recipiente e do disco actua sobre o conteúdo do frasco. Neste moinho, podem ser moídas algumas centenas de gramas de pó de cada vez.

2. moinho agitador SPEX

Normalmente, contém um único frasco preso ao mecanismo que oscila para a frente e para trás e as extremidades do frasco têm um movimento lateral, pelo que o frasco descreve uma figura infinita à medida que se move. A capacidade do moinho é de cerca de 10-20 gramas.

3. moinho atritor

Ao contrário dos outros moinhos, aqui o frasco de moagem é estacionário, o pó a ser moído é colocado no recipiente e é agitado por um eixo com braço girando a alta velocidade, moinhos atritores com capacidade de .5 a 40 kg estão disponíveis.

4. moinhos comerciais

Os moinhos comerciais são utilizados para aplicações industriais e têm dimensões e capacidades muito maiores. Os moinhos comerciais podem processar várias centenas de quilogramas de cada vez.

Como descrito acima, são utilizados diferentes tipos de moinhos para a produção de ligas mecânicas. Estes moinhos são muito diferentes uns dos outros em termos de velocidade, capacidade, capacidade de controlar a temperatura, etc. Por conseguinte, pode escolher-se um moinho adequado em função das necessidades.

2.3.2 Contentor de fresagem

O aço inoxidável, o aço endurecido, o aço temperado, o aço cromado, o aço para ferramentas e o aço revestido com WC são alguns dos exemplos comuns de material do recipiente de moagem. A seleção do recipiente de moagem é muito importante, uma vez que o pó entra em contacto direto com a superfície interior do recipiente, se o material do moinho for diferente do pó, pode ocorrer a contaminação do pó e, se o material do frasco de moagem for diferente do pó, existe a possibilidade de alteração da composição química inicial do pó.

2.3.3 Velocidade de fresagem

É óbvio que, à medida que a velocidade de moagem aumenta, a energia de entrada no pó aumenta, mas há um limite para o qual a velocidade pode ser aumentada, dependendo do tipo de moinho, no moinho de bolas convencional, se aumentarmos a velocidade para um determinado valor, as bolas ficarão presas às paredes internas do frasco, portanto, não pode haver mais moagem, portanto, é importante manter a velocidade do moinho abaixo do valor crítico, a temperatura desenvolvida dentro do moinho também depende da velocidade de moagem, em alguns casos, o aumento da temperatura é vantajoso, mas em outros casos, afeta negativamente a composição final do pó, portanto, a escolha da velocidade adequada é importante.

2.3.4 Tempo de fresagem

A seleção do tempo de moagem depende de factores como o tipo de moinho, a intensidade da moagem, a relação bola/pó e a temperatura de moagem. Normalmente, o tempo de moagem é escolhido como o tempo necessário para estabelecer um equilíbrio entre a soldadura a frio e a fratura da partícula.

2.3.5 Meio de moagem

O tamanho do meio de moagem e o material do meio de moagem são parâmetros importantes na MA, os materiais normalmente utilizados são o aço inoxidável, o aço endurecido, o aço temperado,

Aço cromado, aço para ferramentas e aço revestido a WC, etc. O tamanho do meio de moagem também tem um efeito importante na composição final do pó, uma vez que o tamanho da bola aumenta a energia transferida para o pó também aumenta, e observa-se que a utilização de meios de moagem de diferentes tamanhos aumenta a eficiência da moagem.

2.3.6 Relação bola/pó

O BTPR normalmente utilizado é de 10:1, mas em certos casos pode ser de 1:1 a 200:1, para moinhos de grande porte como o moinho atritor este rácio pode ser de 50:1 a 100:1. Quanto mais elevado for o BTPR, mais curto será o tempo necessário para a moagem.

2.3.7 Extensão do enchimento do frasco

Deve haver espaço suficiente para que as partículas de pó e as esferas se movimentem livremente no interior do recipiente. Se o recipiente estiver demasiado cheio, os impactos serão menores e se o enchimento do frasco for menor, a taxa de produção será muito inferior, pelo que é importante escolher a quantidade certa de pó no frasco, que é normalmente 50% do volume do frasco.

2.3.8 Atmosfera de fresagem

A atmosfera de moagem tem um papel importante, uma vez que afecta em grande medida a contaminação do pó. Normalmente, os frascos de moagem são evacuados ou enchidos com gás inerte, como o árgon ou o hélio, e a carga e a descarga devem ser efectuadas numa caixa de luvas com atmosfera controlada para evitar a contaminação.

2.3.9 Agentes de controlo de processos

Os agentes de controlo do processo são utilizados para controlar a soldadura a frio que ocorre durante o processo de moagem, uma liga eficaz só pode ocorrer entre as partículas de pó quando é mantido um equilíbrio entre a soldadura a frio e a fracturação. Os agentes de controlo do processo podem ser sólidos, líquidos ou gasosos e são, na sua maioria, compostos orgânicos.

2.3.10   Temperatura de moagem

A temperatura de moagem tem um efeito importante em qualquer sistema de liga, que é um parâmetro importante que influencia a constituição do pó moído.

2.4 Problemas na liga mecânica

Embora a liga mecânica tenha muitas vantagens, também sofre de alguns problemas, que são [6]

2.4.1 Contaminação do pó

2.4.2 Conteúdo científico limitado

2.4.3 Aplicação limitada

2.4.1 Contaminação do pó

Os principais factores que contribuem para a contaminação do pó são o tempo de moagem, o recipiente de moagem, a intensidade da moagem, os meios de moagem e a atmosfera de moagem, a formação de uma nova superfície durante a moagem, a disponibilidade de uma grande área de superfície e o pequeno tamanho da partícula

Métodos de prevenção da contaminação

(a) Utilização de uma atmosfera de elevada pureza (b) Utilização de metais de elevada pureza (c) Auto-revestimento das esferas com o material moído (d) Utilização de esferas e recipiente do mesmo material que está a ser moído, (e) Tempo de moagem curto

2.4.2 Conteúdo científico limitado

A liga mecânica é um processo complexo que envolve um grande número de variáveis, embora seja um método famoso, mas não é claro como e porquê a técnica funciona. Não tem sido possível fornecer a composição química final para uma determinada condição.

2.4.3 Aplicação limitada

O processo de liga mecânica tem muito poucas aplicações industriais, embora muitas aplicações potenciais tenham sido sugeridas para a liga mecânica, muitas delas não estão relacionadas com a indústria.

A técnica de liga mecânica foi originalmente desenvolvida para produzir superligas ODS por volta de 1966 e também é utilizada para produzir PVD (deposição física de vapor) comercialmente para a indústria eletrónica. O processo de liga mecânica começa com a mistura de pós com a composição desejada, que é então carregada para o recipiente de moagem com o meio de moagem adequado, e é moída durante o período de tempo desejado, depois o pó moído é consolidado em pellets e depois tratado termicamente para obter as propriedades necessárias [2].

Aricet et al. [7] prepararam Fe-Fe_3C por liga mecânica a partir de ferro elementar e pó de grafite e depois os pós foram sinterizados a temperaturas de 1125, 1150 e 1175°C em atmosfera de árgon durante 2h num forno tubular. Mostraram que a moagem resulta em partículas de pó mais finas com distribuição homogénea de carbono no ferro e a densidade verde diminui devido ao endurecimento por trabalho durante a moagem. Como resultado, forma-se Fe3C e a quantidade de Fe3C aumenta com o tempo de moagem. A resistência à rutura transversal e a densidade também aumentam com a temperatura de sinterização. **Campbell** et al. [8] observaram a formação de Fe3C, Fe7C3 por moagem com bolas de pó de composição Fe75C25 e verificaram que a fase amorfa de Fe3C pode ser produzida num tempo de moagem de 70 h. Notaram que o Fe3C cristalino foi produzido em 140 h, a moagem prolongada até 285 h resulta na formação da fase cristalina Fe7C3 (75%).

Chaira et al. [9] estudaram a formação de pó de carboneto de ferro num moinho de bolas planetário de alta energia de acionamento duplo de tipo especial, moendo ferro elementar e pó de grafite durante 40 horas. Mostraram que o moinho de bolas planetário de duplo acionamento é mais eficiente do que o moinho de bolas planetário disponível no mercado. As conclusões obtidas a partir deste estudo são as seguintes: na fase inicial da moagem (2 h), ocorreu o achatamento do pó e o tamanho das partículas aumentou devido à soldadura a frio; durante a moagem adicional, ocorre o endurecimento do pó; na fase final da moagem, ocorreu a fratura do pó soldado a frio e a morfologia da amostra mudou de flocos para esférica. A estabilidade da cementita formada foi estudada por DTA e recozimento e observou-se que a decomposição da fase metaestável da cementita ocorreu acima de 800° C. **Gosh** et al. [10] moeram ferro puro e pó de grafite em atmosfera de árgon e observaram a formação de uma fase Fe3C estequiométrica após 40 horas de moagem sem qualquer contaminação.

Chen et al. [11] prepararam uma liga de Fe-C nanocristalina com concentração variável de carbono num moinho planetário Fritsch. Utilizaram uma taça de moagem e bolas de moagem de zircónio. Verificaram que se formaram cristais de ferrite nanocristalina, enquanto que uma concentração mais elevada de carbono formou uma mistura de Fe-Fe3C.

Roblesh et al. [12] moeram 85% de Fe e 15% de grafite; 85% de Fe e 15% de fulereno separadamente. Em seguida, os pós foram consolidados pela técnica de sinterização por plasma de faísca (SPS) a 773 K e 100 MPa. Verificaram que no compósito Fe-Cgrafite se formava FeC3, enquanto que no compósito Fe-Cfullerina não se formava carboneto. **Nowosielski** et al. [13] utilizaram Fe e grafite em pó e a liga mecânica foi efectuada num moinho Spex 8000 de alta energia sob atmosfera inerte (árgon). As conclusões obtidas neste estudo são que os materiais maciços de carboneto de ferro podem ser produzidos por liga mecânica e sinterização por plasma de impulso. A temperatura de sinterização de 900º C provoca uma maior cristalização da cementite. O valor de dureza do produto sinterizado obtido foi de 1300HV.

Kathikar et al. [14] moeram pó de ferro de elevada pureza num moinho de bolas planetário de alta energia Fritsch P5 durante 20 h, e a análise XRD mostra que os picos se alargam substancialmente após a moagem. Este facto deve-se à redução do tamanho dos cristais e à introdução de defeitos. A partir de estudos SEM, verificaram que, nas fases iniciais da moagem, as partículas se tornam planas e que, após a moagem, ocorre uma redução do tamanho e dos travões das partículas. **Chen** et al. [15] estudaram a transformação sem equilíbrio durante a moagem com bolas de alta energia de pó de ferro. O NH3 foi utilizado como atmosfera de nitretação. A XRD e a espetroscopia Mossbauer revelaram transformações de fase durante a moagem e o recozimento térmico subsequente. Verificou-se também que existe uma competição entre a reação com NH3 e a reação de decomposição durante o processo de moagem. **Wang** et al. [16] moeram pó de ferro puro e carvão ativado durante 210 h num moinho de bolas planetário de alta energia e, subsequentemente, o pó moído foi recozido a 500º C. Ao examinar a amostra, verificou-se que as fases metaestáveis Fe3C e Fe7C3 se formaram durante a moagem, tendo-se também verificado que o ambiente ou o estado do carbono não afectam significativamente a taxa de formação de carbonetos.

Hussain et al. [17] investigaram a microestrutura do pó de Fe-C moído e estudaram a dureza das amostras consolidadas. Verificaram que a dureza aumenta com o aumento do tempo de moagem até 6 h, após o que diminui. Observaram também que o valor da dureza aumentava com o aumento da concentração de carbono até 2 %, diminuindo depois a 3 e 4 % em peso de C devido à presença de mais poros e grafite residual.

Hidaka et al. [18] estudaram a relação entre a dureza e a microestrutura de um pó ligado mecanicamente com uma composição inicial de Fe-.63 wt% C e uma pequena quantidade de Cr, Si e Mn. A moagem foi efectuada num moinho de bolas planetário em atmosfera de árgon e verificaram que a dureza da liga depende do tamanho de grão da ferrite e não da fração volumétrica de cementite retida.

3. Pormenores experimentais

3.1 Desenvolvimento de um compósito de carboneto de ferro e ferro

3.1.1 Ligas mecânicas

Os pós elementares de Fe e grafite (pureza > 99%) das composições Fe-6,67 wt.% C e Fe-1 wt. %C foram submetidos a moagem num moinho planetário de alta energia de duplo acionamento. O eixo principal roda a 275 e o jarro roda a 620 rpm. Foi utilizada uma esfera de aço inoxidável de 8 mm de diâmetro e a moagem foi efectuada em tolueno para evitar a oxidação. As amostras de pó foram recolhidas do moinho após 0, 1, 2, 5, 10, 15, 20, 30 e 40 h de moagem para caraterização. Os parâmetros de moagem são mencionados na Tabela 1.

Tabela 1 Parâmetros de fresagem utilizados

Mill type	High energy dual drive planetary ball mill
Milling time	0, 1, 2, 5, 10, 15, 20, 30 and 40 h
Process control agent	Toluene
Milling speed Main shaft Jar	 275 620
Grinding media	Stainless steel ball
Ball diameter	8 mm
Ball to powder ratio by weight	5:1
Jar volume	1000ml

3.1.2 Compactação e sinterização do pó moído

O pó moído durante 40 horas foi sujeito a compactação utilizando uma prensa de compactação hidráulica uni-axial sob uma pressão de 665 MPa.

As pastilhas foram depois sinterizadas num forno tubular sob atmosfera de árgon. Os pormenores dos parâmetros de sinterização são mencionados na Tabela 2.

Quadro 2 Pormenores dos parâmetros de sinterização

Compaction pressure	665 MPa
Relaxation time in compaction	5 min
Sintering temperature	1000°C, 1250°C
Soaking time	1.5 h, 2h
Sintering atmosphere	Argon
Heating rate	10°C/min

3.2 Caracterização microestrutural

3.2.1 Difração de raios X

As amostras de pó em diferentes tempos de moagem e as pastilhas polidas em diferentes condições de sinterização foram caracterizadas pelo modelo analítico PAN: DY-1656, utilizando radiação Cu-Ka (=1,5418°) para determinar a evolução das fases em diferentes fases de moagem mecânica e em diferentes condições de sinterização. A gama de varrimento foi de 20 - 100°° e o tamanho do passo foi de 3° /min.

3.2.2 Microscopia eletrónica de varrimento

A morfologia do pó moído em diferentes tempos de moagem foi determinada por um microscópio eletrónico de varrimento JEOL JSM- 6480 LV. As micrografias são tiradas com tensões de aceleração adequadas para obter a melhor resolução possível.

3.2.3 Microscopia ótica

As pastilhas sinterizadas foram polidas até ficarem com um acabamento espelhado e depois gravadas com nital (98% etanol 2% ácido nítrico) para tornar a microestrutura mais claramente visível. As micrografias da amostra com diferentes ampliações foram tiradas para análise.

3.3 Estudo das propriedades mecânicas

3.3.1 Medição da dureza

A dureza das amostras foi medida utilizando o aparelho de teste de dureza Vickers (Leco Microhardness Tester LM248AT). Foi aplicada uma carga de 50 gf durante um tempo de paragem de 10 segundos. Para obter resultados consistentes, foram efectuadas, no mínimo, 8 medições em locais equivalentes para cada amostra.

3.3.2 Estudo do desgaste

Para estudar o comportamento de desgaste das pastilhas sinterizadas em diferentes condições, foi utilizado um aparelho de ensaio de desgaste do tipo bola sobre placa (Ducom, TR-208 M1). A esfera de aço inoxidável de 4 mm de diâmetro gira sobre a pastilha a uma velocidade de 20 rpm durante 5 minutos e a experiência foi efectuada sob uma carga constante de 20 N.

3.4 . Estudo da densidade

A densidade das amostras sinterizadas foi medida pela fórmula

$$D = \frac{M}{V}$$

Em que D=densidade

    M=massa do granulado

    V=volume do granulado

CAPÍTULO 4

4. Resultados e discussão

4.1 Caracterização do pó moído

4.1.1 Estudo de difração de raios X

A Figura 1(a) mostra o espetro de XRD de Fe-6,67 wt. %C moído durante diferentes tempos. Pode ver-se nos espectros de XRD que a largura do pico aumenta com o aumento do tempo de moagem. O aumento da largura do pico deve-se à introdução de tensão na rede e à redução do tamanho das partículas durante a moagem. Verifica-se também que a grafite se torna amorfa após 10 h de moagem; por conseguinte, não há picos de grafite após 10 h de moagem. Verifica-se que após 20 h de moagem há uma formação de Fe_3C, Fe_7C_3 e Fe_2C.

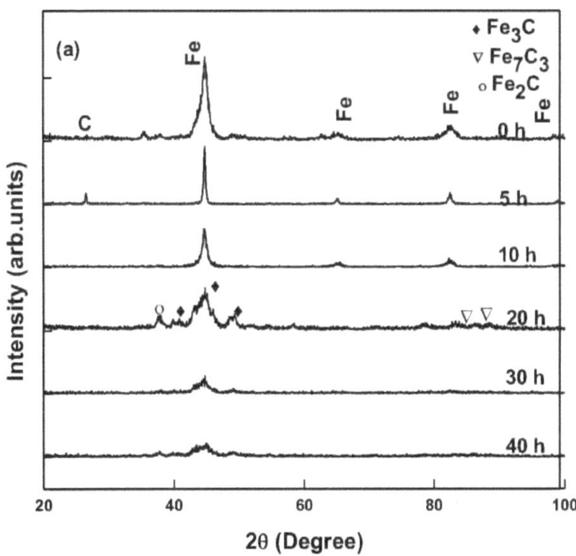

23

Figura 1(a) Espectros de XRD do pó de composição inicial Fe-6,67 wt. %C moído durante 0, 5, 10, 20, 30, 40 h.

A Figura 1 (b) mostra os espectros de XRD de Fe-6,67 wt. % C moído durante 20 horas com uma velocidade de varrimento muito lenta na gama de 20 (30-50°). O espetro mostra os picos fortes de Fe3C juntamente com Fe.

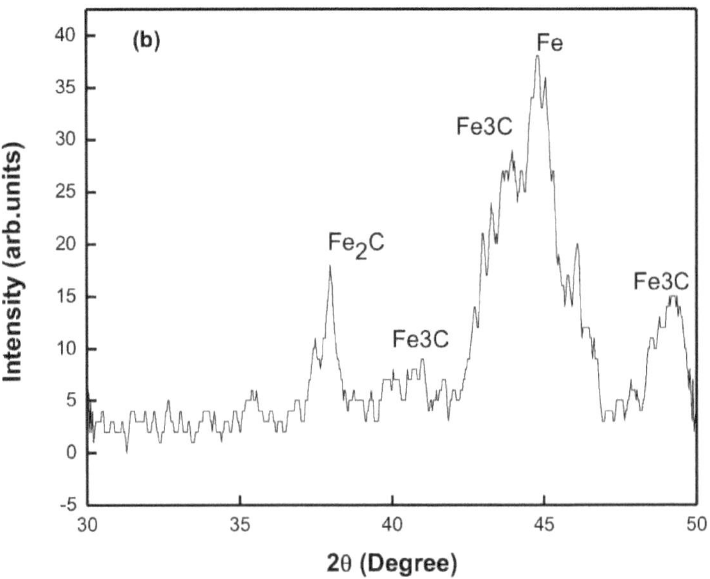

Figura 1 (b) Espectro de XRD do pico mais forte em varrimento lento para Fe-6,67 wt. % C moído durante 20 horas.

A Figura 2 mostra o espetro de XRD de Fe-1wt. % C moído durante diferentes tempos. Também se observa aqui que a largura do pico aumenta com o tempo de moagem. No entanto, a formação de Fe3C e outros carbonetos de ferro é menor em comparação com Fe-6,67% em peso de C. Chaira et al. também mostraram que a formação de carboneto de ferro é maior para a composição estequiométrica de Fe3C (Fe-6,67% em peso de C).

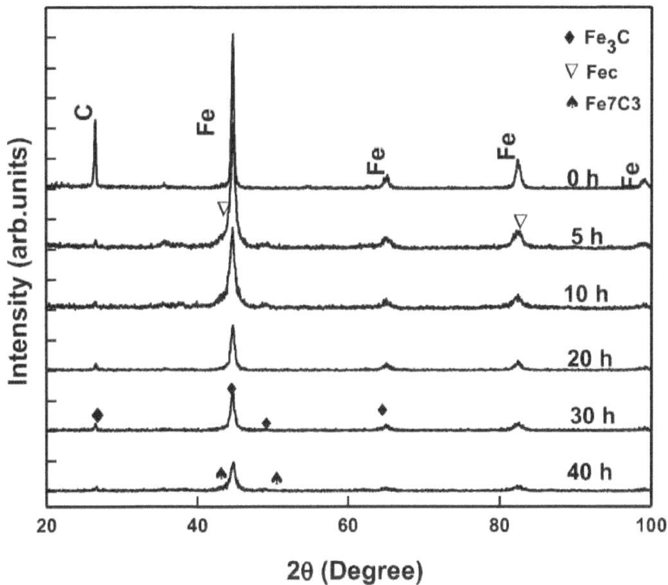

Figura 2 Espectro de XRD do pó de composição inicial Fe-1 wt. %C moído durante 0, 5, 10, 20, 30, 40 h.

4.1.2 Estudo de microscopia eletrónica de varrimento

A Figura 3 mostra as imagens SEM de Fe-6,67 % em peso de C moído durante diferentes períodos de tempo. Como o ferro é dúctil, durante a moagem as partículas de pó são soldadas a frio e tornam-se escamosas no período inicial de moagem. No entanto, numa fase posterior, as partículas de pó endurecem por deformação e tornam-se frágeis, ocorrendo uma redução do tamanho. Pode ser visto que o pó inicial é grande (<50 gm) e aglomerado. Após 40 h de moagem, o tamanho do pó é de cerca de 5-10 gm.

Figura 3 Imagens SEM do pó moído de composição Fe-6,67 wt. %C em diferentes tempos de moagem

4.1.3. Medição da dimensão das partículas

As Figuras 4(a) e 4(b) mostram a distribuição do tamanho das partículas de
Fe-6,67 wt. %C e Fe-1 wt. %C moídas por diferentes tempos. Observa-se
que a curva de distribuição do tamanho das partículas se desloca para o lado
esquerdo do gráfico, o que indica que a redução do tamanho das partículas
ocorre com o tempo de moagem.

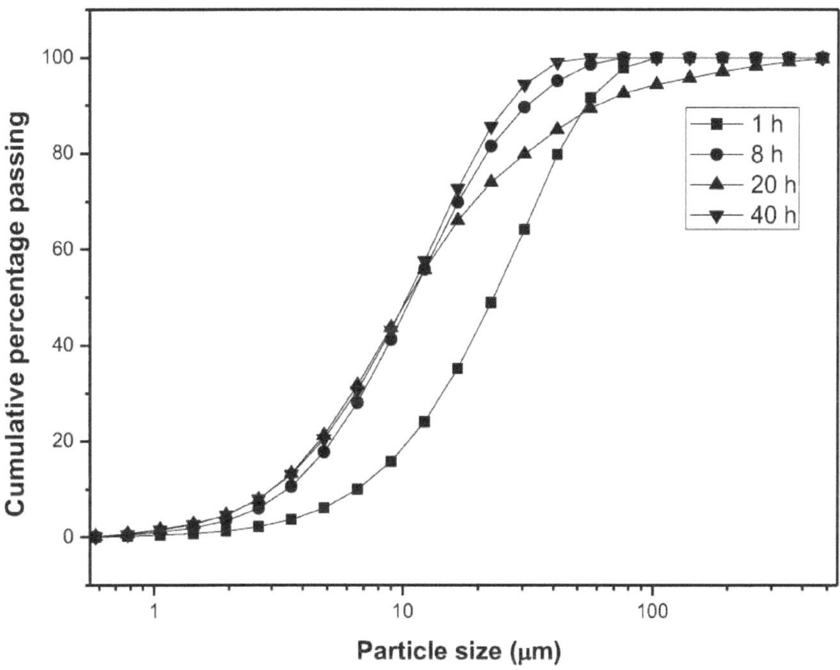

Figura 4(a) Distribuição do tamanho das partículas de Fe-6,67 wt. %C

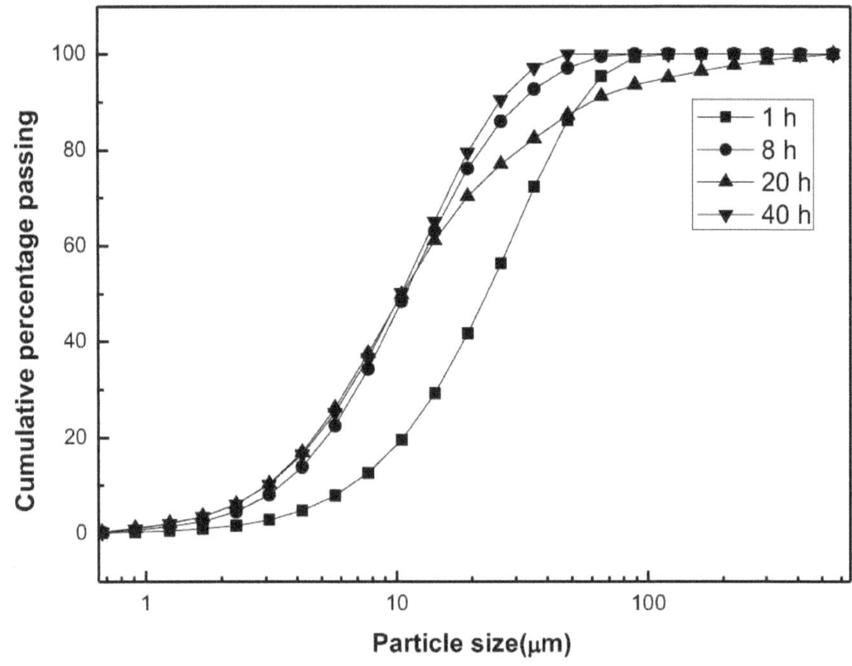

Figura 4(b) Distribuição granulométrica de Fe-1 wt. %C

A Figura 5 mostra a variação do tamanho médio das partículas com o tempo de moagem para Fe-6,67 wt. %C e Fe-1 wt. %C. Parece que inicialmente (até 10h) a redução do tamanho é muito rápida, mas na fase posterior o tamanho permanece quase constante com a moagem. Após 10 horas de moagem, o tamanho permanece quase constante em ambos os casos. Após 10 horas de moagem, o tamanho atingiu o seu limite, designado por limite de cominuição. A razão é que a taxa de soldadura a frio e de fratura são praticamente iguais. Após 40 h de moagem, o tamanho médio das partículas é de 10,47 gm e 10,59 gm para Fe-6,67%C e Fe-1 wt. %C, respetivamente

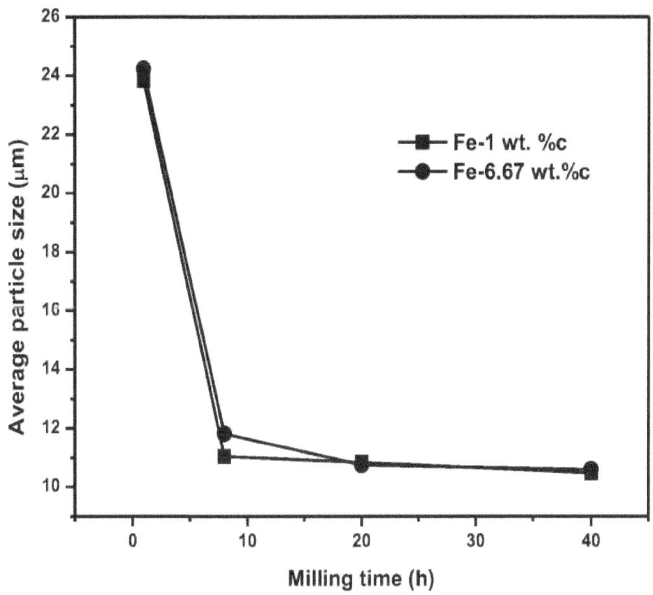

Figura 5 Variação do tamanho médio das partículas com o tempo de moagem para Fe-6,67 wt. %C e Fe-1 wt. %C

4.2 Consolidação do compósito ferro-carboneto de ferro

Os pós foram compactados numa prensa uni-axial a frio e sinterizados num forno tubular a 1000, 1250° C durante 1,5 e 2h sob atmosfera de árgon, respetivamente. Finalmente, os compósitos foram caracterizados por diferentes técnicas de caraterização.

4.2.1 Estudo de difração de raios X

A Figura 6 (a) e (b) mostram os espectros XRD de Fe-6,67 wt. % C e Fe-1 wt. % C sinterizados a 1000°C durante 2 e 1,5 h. Os espectros XRD mostram a presença de diferentes carbonetos de ferro juntamente com o ferro. Verifica-se também que a largura do pico diminui em ambos os casos, em comparação com o pó moído durante 40 horas após a sinterização. A razão deve-se ao alívio das tensões internas e ao crescimento do grão após a sinterização. O pó moído contém uma grande quantidade de tensões e cristais finos devido ao impacto entre os pós e as esferas.

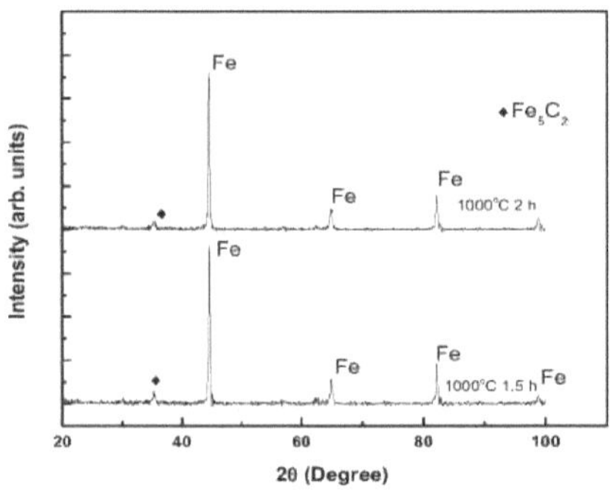

Figura 6 (a) Espectros de XRD de pastilhas sinterizadas de composição Fe-1 wt. %C

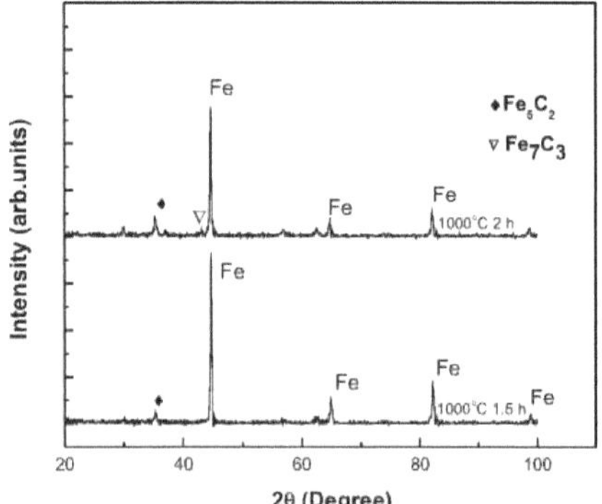

Figura 6 (b) Espectros de XRD de pastilhas sinterizadas de composição
Fe-6,67 wt. %C

4.2.2 Estudo de microscopia ótica

As Figuras 7 (a), 7 (b) e 7 (c) mostram as micrografias ópticas do
pó de Fe-6,67 wt. %C e Fe-1 wt. % C moído durante 40 horas e
sinterizado a 1000^0 C durante 2 horas e 1,5 horas e a 1250° C
durante 1,5 horas. A partir das micrografias, verifica-se que as áreas
escuras são carbonetos de ferro e carbono residual, enquanto a
região de cor amarela é ferro. Observa-se também que a quantidade
de carboneto de ferro e de carbono residual aumenta com o aumento
da percentagem de carbono na amostra. A amostra Fe-6,67 wt. % C
mostra uma região preta mais elevada, representando uma maior
quantidade de carbonetos de ferro e carbono residual, em
comparação com Fe-1 wt. % C.

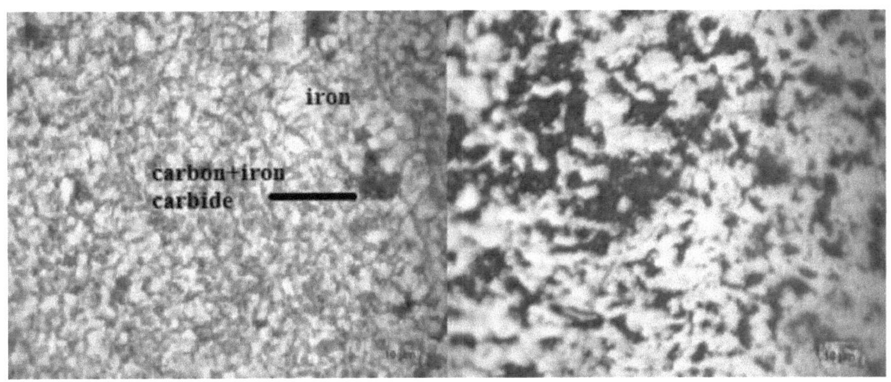

Figura 7 (a) Micrografia ótica da composição Fe-1 wt. % C e Fe-6,67

wt. % C, sinterizada a 1000°C para um tempo de imersão de 2 h.

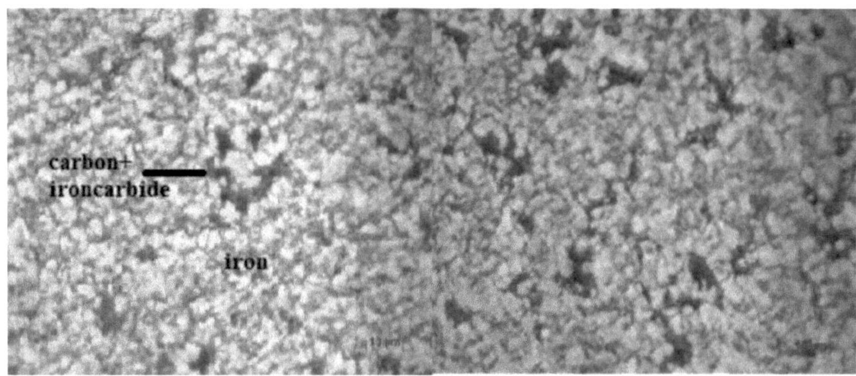

Figura 7 (b) Micrografia ótica da composição Fe-1 wt. % C e Fe-6,67 wt. % C, sinterizada a 1000°C durante um tempo de imersão de 1,5 h.

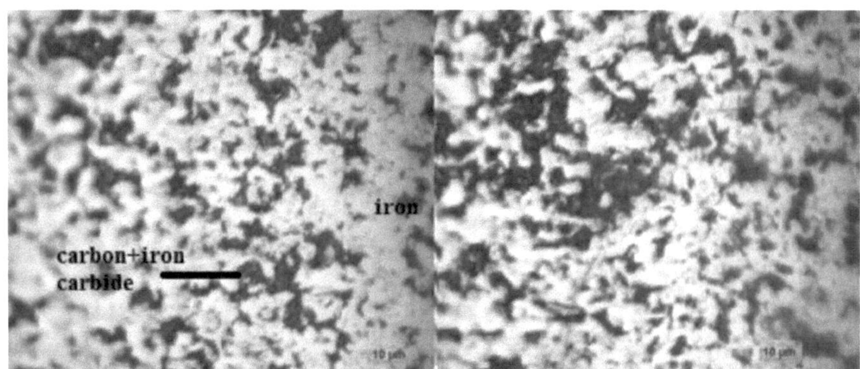

Figura 7 (c) Micrografia ótica da composição Fe-1 wt. % C e Fe-6,67 wt. % C, sinterizada a 1250°C para um tempo de imersão de 1,5 h.

4.2.3 Medições de densidade

A Figura 8 mostra a variação da densidade verde com o tempo de moagem. Pode observar-se no gráfico que a densidade verde diminui até 10 h de moagem e aumenta com a continuação da moagem. Isto deve-se ao facto de o ferro ser um material dúctil, pelo que, nas fases iniciais da moagem, o tamanho das partículas aumenta e forma flocos. A compactação de tais pós resulta numa elevada porosidade e, eventualmente, a densidade diminui. No entanto, após 10 horas de moagem, as partículas tornam-se endurecidas por deformação e quebradiças. A moagem deste tipo de pó resulta numa redução do tamanho dos pós. A compactação destes pós resulta numa menor porosidade e, consequentemente, num aumento da densidade. Assim, após 10 horas de moagem, a densidade verde aumenta continuamente.

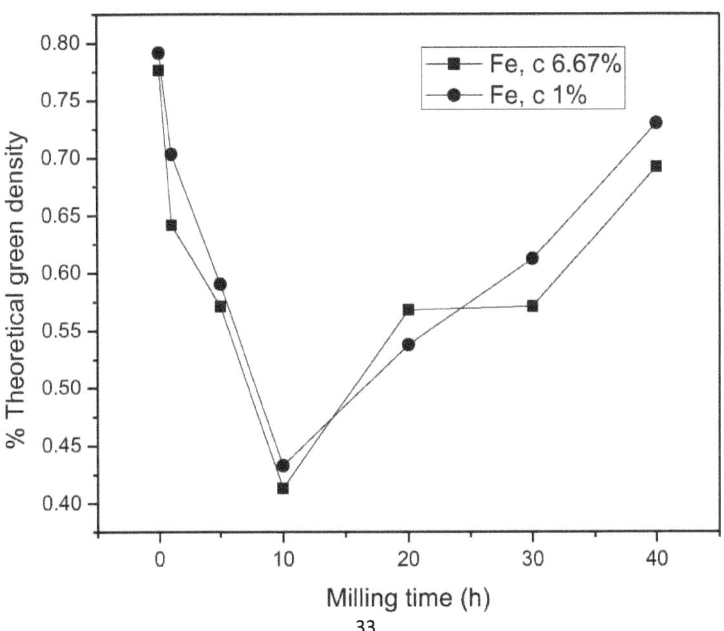

Figura 8 Variação da densidade verde com o tempo de moagem

4.2.4 Estudo da dureza

A Tabela 3 mostra a variação da densidade e da microdureza para Fe-6,67% em peso de C e Fe- 1% em peso de C sinterizados em diferentes tempos e temperaturas. A partir da tabela é evidente que tanto a densidade como a dureza aumentam com o aumento da temperatura e do tempo de sinterização devido a uma difusão mais rápida. medida que a temperatura e o tempo de sinterização aumentam, a ligação entre as partículas melhora e, finalmente, a densidade e a dureza aumentam.

Quadro 3 Relação entre a temperatura de sinterização, o tempo de sinterização, a % de densidade e a dureza das pastilhas

Sample composition	Sintering temperature (°C)	Sintering time (h)	% sintered density	Vickers Micro hardness
Fe-6.67 wt. %C	1000	1.5	85.2	335
		2	89.08	379
	1250	1.5	95.06	836
Fe-1 wt. %C	1000	1.5	80.8	237
		2	85.71	301
	1250	1.5	90.7	780

4.2.5 Estudo do desgaste

A Figura 9 mostra a variação da profundidade de desgaste com o tempo de deslizamento para os compósitos de Fe-6,67% em peso C e Fe-1% em peso C sinterizados a 1000 e 1250° C durante 1,5 e 2 horas. A partir do gráfico, verifica-se que a profundidade de desgaste é menor para Fe-6,67% em peso

C do que para Fe-1% em peso C para as mesmas condições de sinterização. Verifica-se também que a profundidade de desgaste diminui com o aumento da temperatura de sinterização e do tempo de sinterização. Isto deve-se ao facto de haver formação de mais carbonetos de ferro em Fe-6,67% em peso do que em Fe-1% em peso. À medida que a temperatura e o tempo de sinterização aumentam, a dureza e a densidade aumentam, o que resulta numa maior resistência ao desgaste e numa menor profundidade de desgaste. A grafite residual tem uma propriedade lubrificante que impede o contacto direto entre a esfera e o material, o que reduz a profundidade de desgaste.

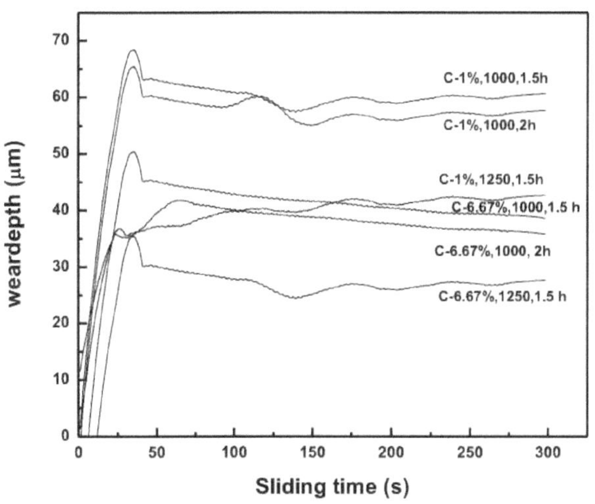

Figura 9 Variação da profundidade de desgaste com o tempo de deslizamento para Fe-6,67 wt. % C e Fe-1 wt. % C sinterizados a 1000 e 1250°C durante 1,5 e 2 horas

4.2.6. Estudo do perfil da superfície

A Figura 10 mostra o perfil da superfície do Fe-6,67 wt. %C sinterizado a 1000°C durante 2h. O perfil da superfície foi medido desde a superfície até à pista de desgaste e depois à superfície. Pode ser visto a partir do perfil que o perfil da superfície é suave e uma profundidade de desgaste de cerca de 75000A°.

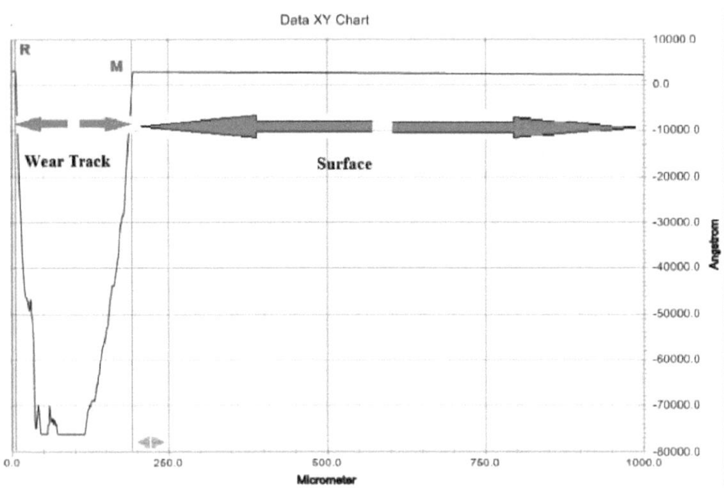

Figura 10 Perfil da superfície de Fe-6,67 wt. % C sinterizado a 1000°C durante 2h

5. Conclusões

1. O compósito ferro-carboneto de ferro foi sintetizado com sucesso por moagem planetária seguida de sinterização convencional.
2. O efeito da moagem na formação de carboneto de ferro para uma mistura de ferro e pó de grafite foi estudado.
3. Inicialmente, verifica-se um aumento do tamanho das partículas devido à formação de flocos, como é evidente no SEM e na análise do tamanho das partículas. A continuação da moagem leva ao endurecimento por deformação do pó e o tamanho das partículas diminui e permanece constante após algum tempo.
4. O estudo XRD mostra que o carboneto de ferro foi formado pela moagem de Fe e C.
5. A densidade, a dureza e a resistência ao desgaste são mais elevadas para o Fe-6,67% em peso do que para o Fe- 1% em peso.

6. Trabalhos futuros

1. A consolidação do compósito ferro-carboneto de ferro pode ser efectuada utilizando algumas técnicas avançadas de consolidação, como a prensagem a quente ou o método de sinterização por plasma de faísca (SPS), para obter uma densidade elevada e propriedades mecânicas melhoradas.

2. A interface dos compósitos ferro-carboneto de ferro pode ser estudada utilizando a microscopia eletrónica de transmissão (TEM).

CAPÍTULO 7

7. Referência

1. D William. Callister. "Material Science and Engineering" 7ª edição, John Wiley and Sons, Universidade de Utah, 2007, pp. 577-578.

2. C. Suryanarayana, Non equilibrium processing of materials, Pergamon materials, 1999, Vol. 2, pp. 1-438

3. C. Suryanarayana, Mechanical alloying and milling, Progress in Materials, 2001, vol. 46, pp. 1-184

4. C. Suryanarayana, In: Powder metal technologies and applications. ASM Handbook, vol. 7. Materials Park, OH: ASM International, 1998. pp 80-90.

5. C. Suryanarayana. Desenvolvimentos recentes em ligas mecânicas. Adv. Mater. Sci. 2008. Vol. 18, pp. 203-218

6. C. Suryanarayana, Science and technology of mechanical alloying, progress in Materials Science, 2001, vol. 46, pp. 151-158

7. Arik, Halil, Turker, Mehmet: Produção e caraterização de compósito Fe-FeaC in situ produzido por liga mecânica , Materials & Design, 2007, vol.7, pp. 31-40

8. S.J. Campbell, G.M. Wang, A. Calka, W.A. Kaczmarek, Moagem de bolas de Fe75-C25: formação de FeaC e Fe7Ca, Mater Sci Eng. A, A226-A228 (1997), pp. 75-79

9. D Chaira. Mishra, B.K. Sangal, S. Síntese eficiente e caraterização de pó de carboneto de ferro por moagem de reação. Powder Technology, 2009. Vol. 191, 149-154

10. Ghosh, B.Pradhan, S.K. Caracterização da microestrutura do FeaC

nanocristalino sintetizado por moagem de bolas de alta energia. Jornal de Ligas e Compostos. 2009. Vol. 477, pp 127-1a2

11. Y.Z Chen, A Herz, Y.J Li, C Borchers, P Choi, D Raabe, R Kirchheim, Nanocrystalline Fe-C alloys produced by ball milling of iron and graphite. ActaMaterialia. 201a, vol. 61, pp a172-a185

12. F.C. Roblesh, Produção e caraterização de compósitos Fe-Cgraphite e Fe-Cfullerene produzidos por diferentes técnicas de liga mecânica, Association of Metallurgical

1a. Engenheiros Sérvia e Montenegro Artigo científico AME UDC669.15.18(C60):621.7

14. R Nowosielski. W Pilarczyk, The Fe-C alloy obtained by mechanical alloying and sintering, journal of achievements in materials and manufacturing engineering2006, vol.18, pp 167-170

15. R.K Khatirkar, B.S Murty, Mudanças estruturais no pó de ferro durante a moagem de bolas. Química e Física dos Materiais 2010. Vol. 123, pp 247-253

16. Y Chen, J S Williams, High-energy ball milling induced non equilibrium phase transformations. Ciência e engenharia dos materiais, 1997, pp. 226-228.

17. G.M Wang, S.J Campbell. Ball milling of Fe-C. Nano structured materials, 1995. vol. 6, pp 389-392

18. Zuhailawati Hussain, Geok, Tan Chew, Projjal, Basu, Microestrutura e caraterização da dureza da mistura de pó elementar Fe - C ligado mecanicamente. Materiais e Design 2010, vol. 31, pp 2211-2215

19. H Hidaka, T Tsuchiyama, S Takaki, Relação entre microestrutura e dureza em ligas de Fe- c com estrutura de grão ultrafino, Scripta

Materialia 2011, vol. 44, pp. 1503-1506

I want morebooks!

Buy your books fast and straightforward online - at one of world's fastest growing online book stores! Environmentally sound due to Print-on-Demand technologies.

Buy your books online at
www.morebooks.shop

Compre os seus livros mais rápido e diretamente na internet, em uma das livrarias on-line com o maior crescimento no mundo! Produção que protege o meio ambiente através das tecnologias de impressão sob demanda.

Compre os seus livros on-line em
www.morebooks.shop

Printed by Books on Demand GmbH, Norderstedt / Germany